Dodge City Public Library
1001 N. Second Ave., Dodge City, KS

EXPLORA LA NATURALEZA™

EXPLORA LA NATURALEZA™

Arañas

POR DENTRO Y POR FUERA

Texto: Gillian Houghton
Ilustraciones: Studio Stalio
Traducción al español: Tomás González

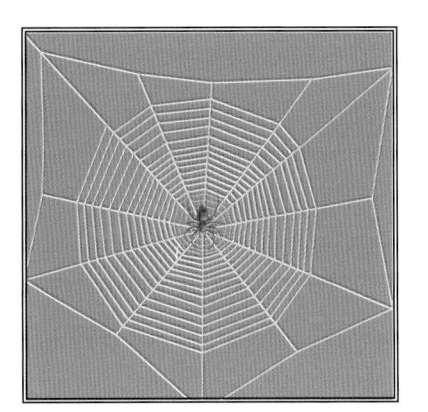

The Rosen Publishing Group's
Editorial Buenas Letras™
New York

Published in 2004 in North America
by The Rosen Publishing Group, Inc.
29 East 21st Street, New York, NY 10010

Copyright © 2004
by Andrea Dué s.r.l., Florence, Italy, and
Rosen Book Works, Inc., New York, USA

First Edition

Book Design:
Andrea Dué s.r.l., Florence, Italy

Illustrations:
Studio Stalio (Ivan Stalio, Alessandro Cantucci, Fabiano Fabbrucci)
and Lorenzo Cecchi, Roberto Simoni
Map by Alessandro Bartolozzi

Spanish Edition Editor: Mauricio Velázquez de León

Library of Congress Cataloging-in-Publication Data
Houghton, Gillian.
[Spiders, inside and out. Spanish]
Arañas, por dentro y por fuera / Gillian Houghton;
traducción al español, Tomás González. — 1st ed.
    p. cm. — (Explora la naturaleza)
Summary: Describes the physical characteristics of spiders,
different species, the webs they build, how they hunt for food,
reproduction, and more.
ISBN 1-4042-2867-5
1. Spiders—Juvenile literature. [1. Spiders. 2. Spanish language
materials.] I. Title. II. Getting into nature. Spanish.
QL458.4.H6718 2003
595.4'4—dc22
                                                    2003058747

Manufactured in Italy by Eurolitho S.p.A., Milan

Contenido

El cuerpo de las arañas

Araña casera
(Tegenaria domestica)

El cuerpo de las arañas está dividido en dos partes. La cabeza y el pecho forman la parte frontal, llamado prosoma o cefalotórax. La parte de arriba del prosoma está protegida por una concha llamada caparazón. Una placa dura, conocida como esternón, protege a la araña en la parte inferior del prosoma. Al frente del caparazón sobresalen dos quelíceros, que son como dos grandes colmillos, que usa la araña para cavar, transportar los huevos y atrapar a su **presa**.

La mayoría de las arañas tienen ocho ojos, situados en el lado superior del caparazón.

La araña utiliza dos patas delanteras, o pedipalpos, para atrapar su presa, y camina con otras cuatro, que salen del prosoma. Las patas están cubiertas de diminutos pelos y espinas que le ayudan a recolectar información sobre el mundo que la rodea. Las patas terminan en pequeñas garras, que le permiten caminar en distintas superficies. La parte trasera del cuerpo de la araña se llama opistosoma. Es blanda, y está cubierta de pelos que le sirven para percibir su entorno.

Derecha:
Vista de una araña desde abajo.

Una mirada por dentro

El prosoma contiene dos **glándulas** productoras de veneno, el esófago, el estómago succionador y dos ganglios. Las glándulas de veneno se encuentran inmediatamente detrás de los ojos y se conectan a los colmillos por un tubo delgado. El esófago es un tubo que conecta la garganta con el estómago succionador y transporta alimentos y líquidos. Los ganglios, localizados encima y debajo del esófago, desempeñan las funciones del cerebro y le permiten a la araña recibir información y controlar sus movimientos.

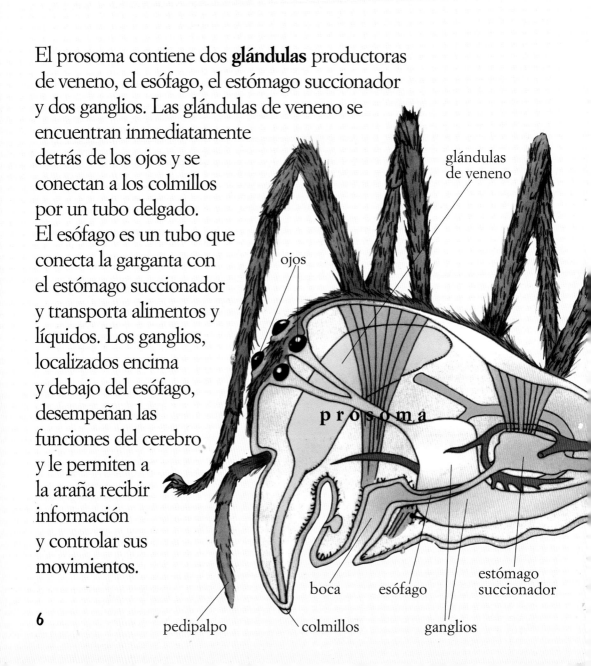

glándulas de veneno

ojos

prosoma

boca

esófago

estómago succionador

pedipalpo

colmillos

ganglios

6

El opistosoma contiene los **órganos** para bombear sangre, digerir el alimento, respirar, reproducirse e hilar la seda. El corazón se encuentra a lo largo del lado superior del opistosoma. Debajo del corazón está el intestino medio, donde se procesan los alimentos. Muchas arañas tienen un órgano llamado "libro pulmonar", que permite la entrada de aire al cuerpo.

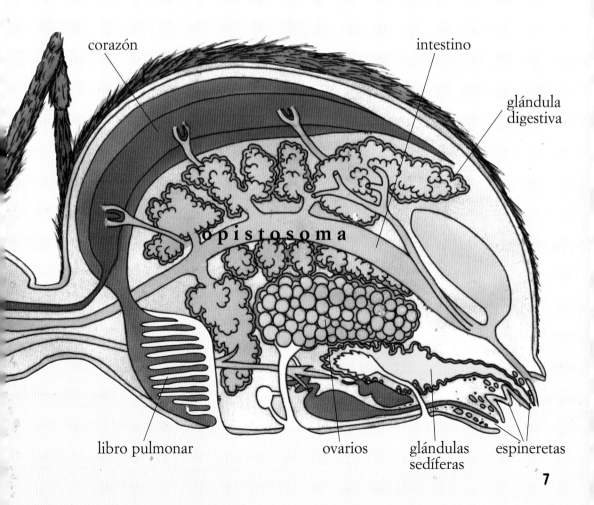

corazón

intestino

glándula digestiva

opistosoma

libro pulmonar

ovarios

glándulas sedíferas

espineretas

7

Las arañas en el mundo

NORTEAMÉRICA

La araña es miembro de la clase **Arachnida**. Existen más de 30,000 **especies** de arañas en el mundo. Las arañas son criaturas muy antiguas. Los registros fósiles indican que caminaban sobre la Tierra desde la **Era Carbonífera**, hace unos 300 millones de años, mucho antes que los primeros humanos e incluso que los dinosaurios. Las arañas vienen de una criatura aún más antigua, pero los científicos no están seguros de cuál. Algunos científicos creen que las arañas son parientes modernos de unos animales marinos extintos, provistos de concha, que se conocen como **trilobites**. Las arañas han conquistado la Tierra y prosperan en muchos ambientes, desde las selvas húmedas tropicales hasta las nevadas cimas de las montañas. Los científicos calculan que en un solo acre de tierra podrían vivir más de 64,000 arañas.

Araña tejedora de telas orbiculares
(*Micrathena gracilis*)

Araña rosada chilena
(*Grammostola rosea*)

8

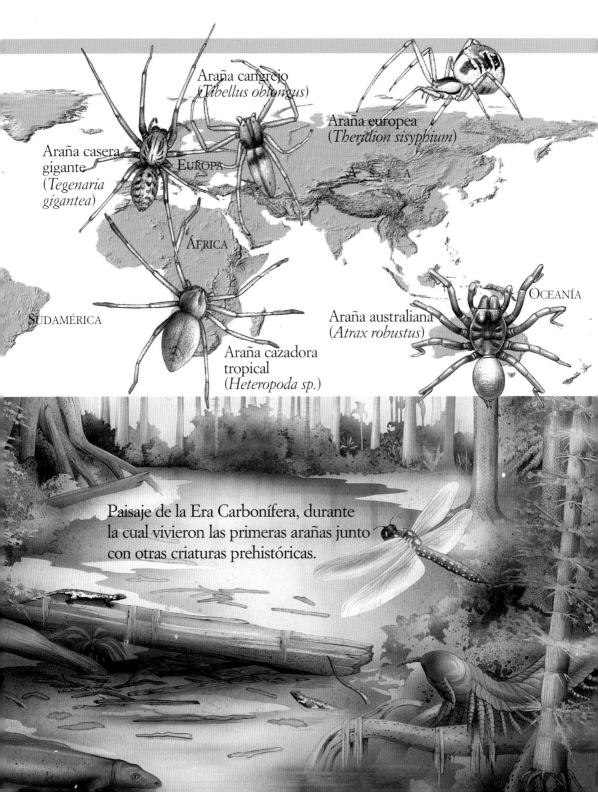

Araña cangrejo
(*Tibellus oblongus*)

Araña europea
(*Theridion sisyphium*)

Araña casera
gigante
(*Tegenaria
gigantea*)

EUROPA

ASIA

ÁFRICA

SUDAMÉRICA

OCEANÍA

Araña australiana
(*Atrax robustus*)

Araña cazadora
tropical
(*Heteropoda sp.*)

Paisaje de la Era Carbonífera, durante
la cual vivieron las primeras arañas junto
con otras criaturas prehistóricas.

Las herramientas de las arañas

Todas las arañas tienen glándulas que producen
seda. Muchas utilizan esta seda para tejer telas.
Las hembras usan también la seda para fabricar los
sacos de los huevos. Las glándulas sedíferas están
localizadas en la parte posterior del abdomen de
la araña. Cada glándula produce un tipo diferente
de seda, y cada una está conectada a una espinereta.
Las espineretas, usualmente distribuidas en grupos
de dos o tres, se encuentran en el lado de abajo del
abdomen, o área del estómago de la araña. Cada
una funciona como una especie de grifo que deja
salir la seda del cuerpo
de la araña cuando se
la necesita. La seda
está hecha de una
proteína muy
fuerte y liviana,
y se estira y dobla
sin romperse.

espineretas

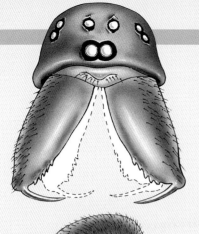

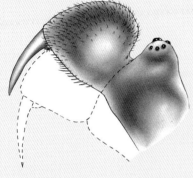

Los ojos de las arañas también son muy extraños y especiales. Las arañas tienen hasta ocho ojos. Dos ojos grandes por lo general miran hacia adelante y funcionan de manera muy parecida a los nuestros. Los otros están distribuidos por parejas en la parte superior de la cabeza. A la derecha aparecen distintos tipos de ojos de diferentes clases de arañas.

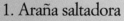

Las espineretas son muy interesantes, pero no hay que olvidar a los quelíceros. Hay dos tipos de quelíceros: el primero *(arriba, parte superior)* cava y agarra objetos moviéndose de lado a lado; el segundo *(arriba, parte inferior)* se mueve hacia abajo y hacia arriba.

Izquierda: Espineretas de una araña tejedora de telas orbiculares.

1. Araña saltadora
2. Araña cangrejo
3. Araña de jardín
4. Araña *Dysdera crocata*
5. Araña lobo
6. Araña de patas largas

Ocho patas en acción

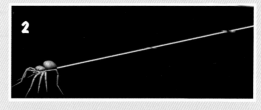

Esta línea horizontal es el comienzo de la tela. La araña sujeta esta primera línea horizontal

con las patas delanteras y se la va comiendo. La araña avanza por el hilo, recogiéndolo con las patas

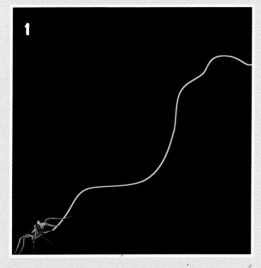

La araña tejedora de telas orbiculares se dispone a fabricar su tela. Situada en una superficie a cierta distancia del suelo, la araña segrega un tramo de hilo (**1**). El hilo es movido por la brisa hasta que se pega a un objeto cercano, como la rama de un árbol (**2**).

delanteras y comiéndoselo, y deja tras de sí un segundo hilo (3). Al llegar al centro del hilo horizontal, agarra un hilo con las patas delanteras y el segundo hilo que está detrás de ella. La araña une los dos hilos y se deja caer al piso al mismo tiempo que segrega un hilo

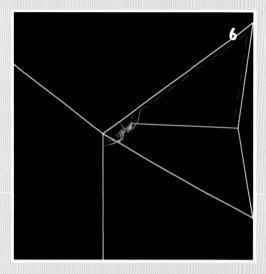

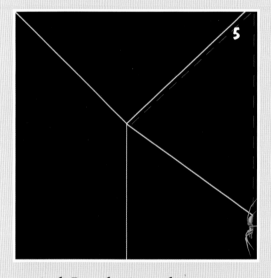

La cantidad de hilos radiales varía según la especie, pero por lo general las telarañas tienen entre quince y treinta radios.

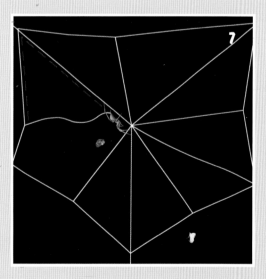

vertical. La tela tiene ahora tres partes, unidas en forma de "Y" (4). El punto de encuentro de los tres hilos será el eje o centro de la tela (5). Trabajando con rapidez, la araña añade **hilos radiales** que salen del centro y lo conectan con el marco (6–7).

La colocación de la trampa

La araña tiende una línea temporal de guía, no pegajosa, mientras camina del centro hacia el exterior, y la sujeta al marco. Entonces se regresa, comienza a recoger ese

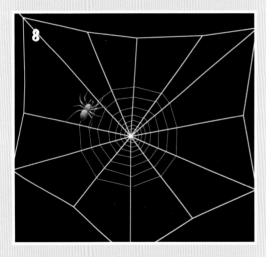

creando primero la zona del eje y luego la zona de refuerzo (8–9). Cuando la araña termina de tender las líneas radiales, se extiende en la zona de refuerzo en una espiral

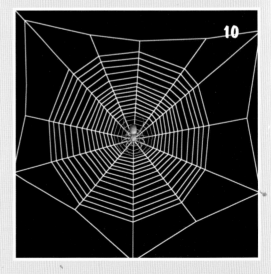

hilo con las patas delanteras mientras avanza hacia el centro, y deja un hilo permanente pegajoso detrás de ella. La araña sigue tejiendo los radios y comienza a conectarlos entre sí con hilos circulares tejidos apretadamente,

amplia hasta el marco de la telaraña. Esto crea una **espiral auxiliar (10)** que proporcionará soporte y servirá como guía para cuando la araña comience a trabajar en la espiral pegajosa de caza, que es la parte más importante de la tela. La araña sigue la espiral auxiliar de regreso hasta el centro de la telaraña y construye la espiral pegajosa de caza. Avanza en espiral hasta el centro de la telaraña recogiendo la espiral auxiliar con las patas delanteras (**a–b**). La araña pasa de un hilo al siguiente extendiendo una de sus patas delanteras y frotando el hilo para determinar su ubicación. Entretanto agarra hilo recién salido de una espinereta con una de las patas de caminar y lo sujeta al hilo radial (**c–d**). La espiral de caza no continúa hasta el centro, sino que se acaba poco antes, creando un espacio abierto, o "zona libre", que le permite a la araña alcanzar el otro lado para manejar la presa que queda atrapada en la telaraña.

Un mundo de telarañas

Hay telarañas de muchas formas y tamaños.
Las arañas que los científicos llaman "fabricantes
de telas primitivas" construyen guaridas en forma
de tubo para ocultarse. De dichos escondites
usualmente salen hilos sencillos que atrapan
a sus presas. Un tipo de araña conocida como
fabricante primitiva teje un tubo de seda que
tiene una parte bajo el suelo y el resto afuera.
La araña vive en el interior. Cuando la presa
entra al tubo, la araña la muerde y la arrastra
aún más hacia el interior. La araña constructora
de embudos y la constructora de telas planas
construyen complicadas telarañas parecidas
a tiendas y a menudo se ocultan directamente
debajo de ellas o en un escondite en forma de
embudo situado a un costado. Allí esperan a la

Derecha:
1. Telaraña en forma de tienda.
2. Telaraña en forma de red.
3. Telaraña clásica de una araña tejedora de telas orbiculares.
4. Telaraña plana extendida en la vegetación.
5. Telaraña en embudo de una araña *Achaearanea ruculata.*

Izquierda:
Una araña tejedora de telas orbiculares empieza a tejer su telaraña entre tres ramas.

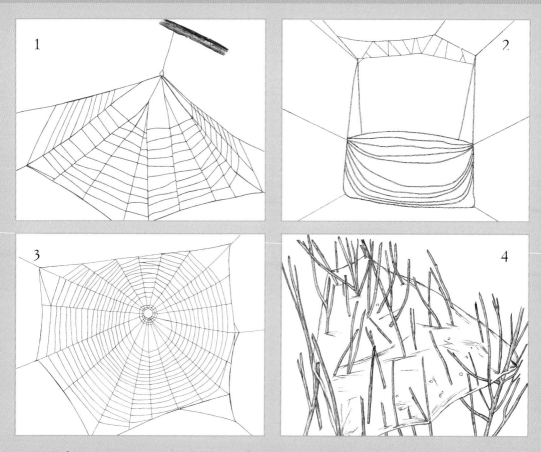

presa, listas para atacar. Sus telarañas cuelgan de ramas
y techos. Cuando insectos voladores chocan con estos
hilos, caen en la telaraña plana que está más abajo.

Un gran banquete

Abajo: Araña de jardín europea recogiendo una presa.

Todas las arañas son carnívoras, lo que significa que se alimentan de animales. A la mayoría de las arañas les gusta comer moscas, abejas y otras arañas. Algunas son muy fuertes y hábiles y pueden atrapar peces y ratones pequeños. Las que tienen quelíceros débiles perforan a su presa con los colmillos; la agarran con las patas delanteras, le inyectan un líquido digestivo venenoso y luego le succionan las entrañas. Las arañas con quelíceros más poderosos aplastan a sus presas hasta convertirlos en pulpa, las cubren de jugos digestivos y luego se las comen.

Las arañan pueden comer mucho, pero algunas son capaces de dejar de comer durante meses. Ello es posible porque su sistema digestivo tiene la capacidad de almacenar energía por todo el cuerpo durante largos períodos.

Abajo: Araña cangrejo, muy bien camuflada en una flor, espera a su presa.

Técnicas de caza:

1. Ratón en poder de una tarántula.

2. Grillo atrapado en la red de una araña de jardín.

3. La araña saltadora se parece mucho a las hormigas y engaña a éstas, que se convierten en sus presas.

4. Las hormigas son alimento habitual de las arañas.

5. Araña pescadora atrapando a un pequeño pez.

6. Araña lanzadora de red atrapando a una mariquita con una red extendida entre sus patas delanteras.

7. Araña *Ordgarius magnificus* atrapando a una polilla con un hilo pegajoso lanzado a manera de lazo.

Una numerosa y espeluznante familia

Las arañas son ovíparas. Eso quiere decir que las hembras ponen huevos. Antes de poner los huevos, la araña empieza a tejer un **capullo**. Los capullos son de muchas formas y tamaños. En el otoño, la hembra de una de las especies de araña tejedora de telas orbiculares empieza a fabricar un tendido fuerte de hilos. A esta base sujeta una funda de seda tejida, que fabrica de adentro hacia afuera moviéndose en un círculo estrecho a medida que deja salir la seda. En la funda así construida pone hasta 1,000 huevos, que cubre con un líquido, parecido al almíbar, que ha sido **fertilizado** por una araña macho. Finalmente la araña teje una tapa para el extremo abierto de la funda y envuelve el nido con hilos de seda.

Abajo: Araña niñera (*Pisaura mirabilis*) con la envoltura de huevos. La araña la lleva consigo a dondequiera que vaya hasta que las crías estén bien protegidas en un capullo.

Arriba:
La telaraña de una araña tejedora de telas orbiculares es utilizada como criadero para los sacos de huevos.

Derecha: Saco de huevos. La mayoría de las arañas se mantienen muy cerca de los huevos, para protegerlos antes de que salgan las crías.

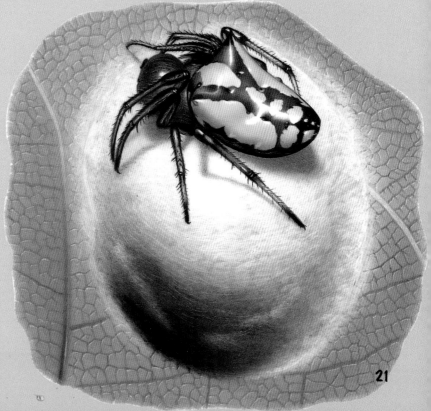

Las crías de las arañas

Al acercarse el nacimiento de las arañas, la madre fabrica una malla floja de hilos tejidos alrededor del capullo y lo une con algunos hilos a ramas y hojas cercanos. La araña morirá días después. Hasta entonces permanecerá cerca del nido, cuidando los huevos. El capullo no cambia de apariencia durante el invierno, mientras las arañitas crecen adentro. En la primavera se abren paso por la pared de seda y comienzan su vida en el exterior del capullo.

Abajo: Arañas saltadoras saliendo del saco de huevos.

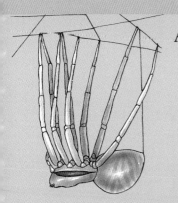

A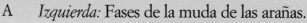
Izquierda: Fases de la muda de las arañas.

Las jóvenes arañas mudarán de cubierta exterior varias veces. Con cada muda la araña aumenta de tamaño y desarrolla cada vez más los órganos reproductores.

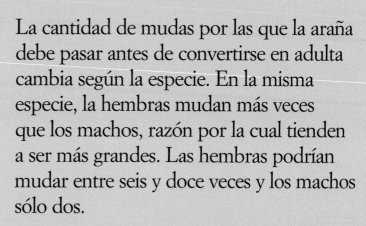

B La cantidad de mudas por las que la araña debe pasar antes de convertirse en adulta cambia según la especie. En la misma especie, la hembras mudan más veces que los machos, razón por la cual tienden a ser más grandes. Las hembras podrían mudar entre seis y doce veces y los machos sólo dos.

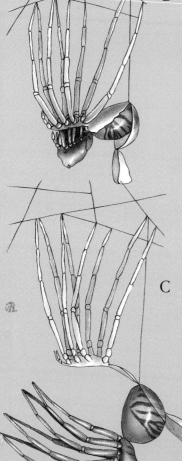

C Cuando la pequeña araña va a mudar busca un lugar oculto (dibujo **A**). El caparazón se rompe en un extremo (**B**) y la araña saca lentamente cada pata de la concha rígida (**C**). Mientras espera que le crezca otra concha, la araña se encuentra en mucho peligro. Antes de que se forme el a caparazón protector, su blando cuerpo podría secarse por completo o ser presa de algún afortunado enemigo.

23

Los enemigos de las arañas

Las arañas tienen muchos enemigos, entre ellos los pájaros, los insectos y otros animales. Algunas especies de avispa las cazan y depositan sus huevos en sus cuerpos. Al salir del huevo, las avispas recién nacidas se alimentan de las arañas muertas. Sus mayores enemigos, sin embargo, son otras arañas. Cuando el alimento escasea, las arañas no dudan en comerse a otras arañas. Al sentirse amenazadas, la mayoría de las arañas corren y se esconden. Otras tienen colores que les permiten **camuflarse** en las plantas. Algunas incluso cambian de color gradualmente para camuflarse con lo que las rodea.

Arriba: Avispa atacando a una araña tejedora de telas orbiculares.

Abajo, izquierda: La avispa constructora de barro hace celdas para los huevos con barro que recoge con las mandíbulas. En cada celda hay un huevo y una araña de la que se alimentará la avispa bebé.

Abajo: Las arañas se camuflan para engañar a las presas y esconderse de sus enemigos.

Abajo: Avispa africana arrastrando a una araña tejedora de telas orbiculares a la que ha cazado, paralizado y devorará muy pronto.

Derecha: Araña viuda negra cazada por una mantis religiosa.

25

Glosario

Arachnida Clase de insectos que incluye a las arañas, los escorpiones, los ácaros y las garrapatas. Todos los arácnidos poseen cuerpos que se dividen en dos partes. La parte frontal tiene siempre cuatro patas y carece de antenas.

camuflar Disimular dando a algo el aspecto de otra cosa.

capullo (el) Envoltura de forma oval dentro de la cual se encierra la araña antes de nacer.

Era Carbonífera (la) Periodo de la historia hace 354 a 290 millones de años en el que los pantanos cubrían gran parte de la superficie terrestre y en que aparecieron las primeras arañas.

especie (la) Grupo de plantas o animales con características físicas similares.

espiral auxiliar (la) Hilos que se extienden en círculos hacia arriba desde el eje o centro de la telaraña y proporcionan soporte a la pegajosa espiral de caza.

fertilizar Causar el crecimiento y desarrollo de un huevo que producirá nueva vida.

glándulas (las) Grupo de células u órgano que toma material de la sangre y lo transforma para utilizarlo en otra parte del cuerpo. Las arañas tienen glándulas que producen seda para la fabricación de sus telarañas.

hilos radiales (los) Hilos que se extienden en línea recta desde el centro de la telaraña hacia afuera.

órganos (los) Grupo de células o una parte del cuerpo que cumplen con una función específica en el organismo.

presa (la) Animal que es cazado por otro y le sirve de alimento.

trilobites (los) Grupo de animales marinos extintos que tenían cuerpo segmentado y patas articuladas.

Índice

Sitios Web

Debido a las constantes modificaciones en los sitios de Internet, Editorial Buenas Letras ha desarrollado un listado de sitios Web relacionados con el tema de este libro. Este sitio se actualiza con regularidad. Por favor, usa este enlace para acceder a la lista:

www.buenasletraslinks/nat/aranas

Acerca del autor

Gillian Houghton es editora y escritora
independiente y vive en la ciudad de Nueva York.

Créditos fotográficos